醜小鴨
咖啡
烘焙書

醜小鴨咖啡師訓練中心　編著

前言

咖啡的烘焙是對
醜小鴨咖啡師訓練中心的驗收

　　一道色香味俱全的料理之所以會被認為美味，原因在於它將人體五感能感到滿足的元素都融合其中，因此我也想將這樣的概念體現於咖啡中。人們對於完美咖啡的追求，一般都是由外而內一層一層深入追求的，從一開始充滿視覺效果的 LATTE ART 拉花技巧，到追求味覺享受的咖啡萃取概念，最後乃至於想開始探究咖啡風味轉換的根本，進而深入鑽研烘焙咖啡的念頭。

　　當咖啡豆在烘焙時，生豆色澤的轉變、烘焙香氣的展現、咖啡豆撕裂的聲響、口腔中風味的千變萬化以及口感的展現，無不是感官的享受。因此簡單來說咖啡豆烘焙的概念，就如同在製作一道美味的料理或甜點一般，只不過廚師用的是刀具鍋鏟，甜點師使用的是模具烤箱，而烘豆師所使用的，則是一台體積相對來說大出許多的怪獸 —— 烘豆機。

　　入行已有一段不算短的時間，當初以咖啡教室作為個人事業的起點，所投入的心血遠遠超過原初的估算，而這些年來兢兢業業的經營，或許是天時地利人和，才得以將多年來經營的心得，陸續出版成作品與讀者們分享。我的每部作品都是以工具書為概念加以撰寫，試著將這些年的咖啡沖煮、烘焙

等個人經驗，去蕪存菁的濃縮在作品中，因此每出版一本作品，都好像在進行一場成果驗收的發表會一樣，總是期許自己能將咖啡概念，化為淺顯易懂的文字內容供讀者閱讀，讓喜歡咖啡的讀者在啃文字的同時，也能夠輕鬆的消化成實用的知識。

　　熱中於反向思考的我，此次在編撰烘豆內容時，選擇以咖啡萃取為切入點，因為我認為只要將咖啡萃取完整的加以系統化，就能藉由拆解沖煮上所有的缺陷，以及沖煮架構的確立，來深入追尋隱藏於深處的問題 —— 烘焙。我認為烘豆師雖然無法控制每個產地的氣候、土壤，卻能善用產區的特性來發揮咖啡豆的本質，將入手的生豆透過烘焙的技巧，將風味發揮到極致，就好比當米其林星級的大廚，遇到任何的食材時，都藉由手中的器具將食材的風味提引到極致一樣，這就是我想分享的烘焙觀念。

　　書籍的出版對於我而言，就像是在對這些年來自己所領略的咖啡萃取、以及烘焙結構的心得進行「驗收」，《手沖咖啡大全1、2》已經將醜小鴨咖啡師訓練中心的沖煮結構成果展現於讀者面前，而這次所要挑戰的則是咖啡豆烘焙，相信各位讀者在閱讀完此書後，將會得到許多不同於以往的咖啡烘焙知識，也能藉由本書的內容來反思以往所獲得的咖啡烘焙「舊觀念」，進而破除咖啡烘焙的種種迷思，接下來就讓我們一同來細細品味這本「破天荒」的咖啡烘焙書吧！

Contents

1.

烘豆之前
要先瞭解生豆內部結構

生豆內部結構

　　生豆的內部結構是由木質纖維結構出大小不一的空間，而空間內所包覆的就是生豆的含水量。

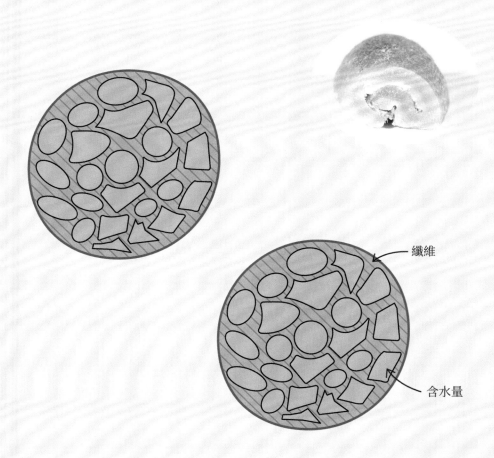

纖維

含水量

結構水與自由水

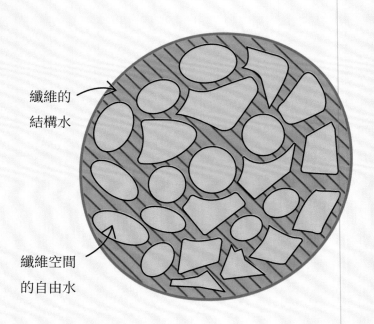

纖維的
結構水

纖維空間
的自由水

　　然而含水的部分不單單只存在纖維結構出來的空間而已，
生豆的纖維本身也有水分的存在，我們一般將其稱為結構水，而
纖維空間裡的就是自由水。

咖啡被萃取的物質──蔗糖

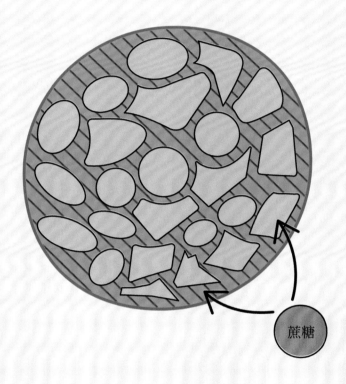

蔗糖

　　咖啡實際被萃取的是生豆裡面的蔗糖，而蔗糖則存在自由水與結構水之中，所以在烘焙的整個過程裡，最重要的部分就是將自由水的蔗糖獨立出來以及做到可以被沖煮的狀態。

蔗糖與水結合的關鍵──水蒸氣

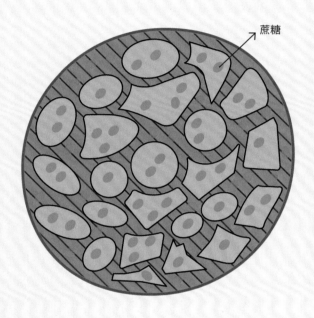

蔗糖

因為蔗糖同時分布在自由水與結構水之中，所以加熱過程中反而要確保內外溫度差異不可以過大，不然一旦產生脫水現象，表面就容易焦化。不過只要讓蔗糖變成糖漿的話，就可以解決內外受熱不均的問題。形成糖漿需要的水和蔗糖都存在於生豆，所以接下來就必須找到對的加熱方式，也就是利用水蒸氣加熱。

水蒸氣的重要性

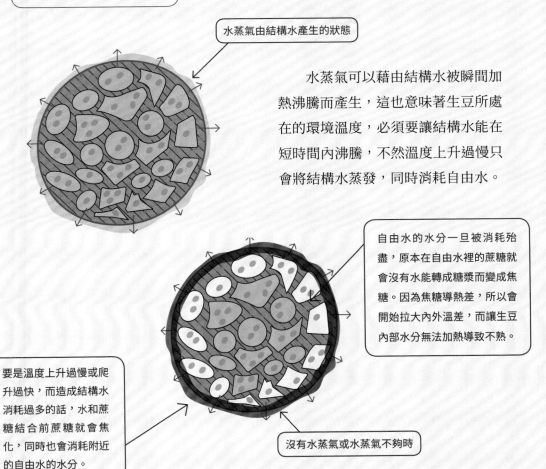

水蒸氣由結構水產生的狀態

水蒸氣可以藉由結構水被瞬間加熱沸騰而產生，這也意味著生豆所處在的環境溫度，必須要讓結構水能在短時間內沸騰，不然溫度上升過慢只會將結構水蒸發，同時消耗自由水。

自由水的水分一旦被消耗殆盡，原本在自由水裡的蔗糖就會沒有水能轉成糖漿而變成焦糖。因為焦糖導熱差，所以會開始拉大內外溫差，而讓生豆內部水分無法加熱導致不熟。

要是溫度上升過慢或爬升過快，而造成結構水消耗過多的話，水和蔗糖結合前蔗糖就會焦化，同時也會消耗附近的自由水的水分。

沒有水蒸氣或水蒸氣不夠時

一旦自由水被消耗完，就少了對內導熱的媒介，而外層也會因溫度持續上升慢慢轉成焦糖，這麼一來就會產生內部不熟的情況。

水蒸氣的功能

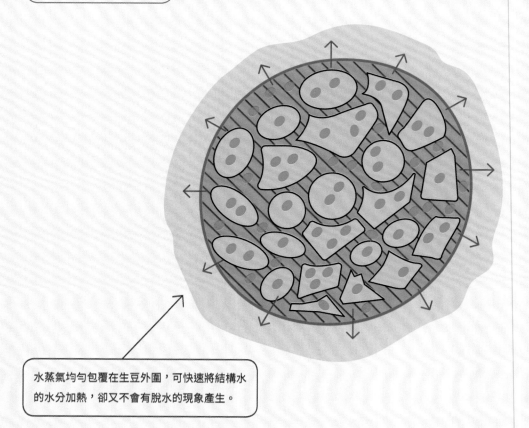

水蒸氣均勻包覆在生豆外圍,可快速將結構水的水分加熱,卻又不會有脫水的現象產生。

如果表面可以快速形成水蒸氣,除了可以快速包覆生豆表面使其均勻加熱外,還能讓溫度持續爬升又不會燒焦表面。此外,水蒸氣還可以導引出內部自由水與結構水,加速蔗糖結合。

水蒸氣與糖漿

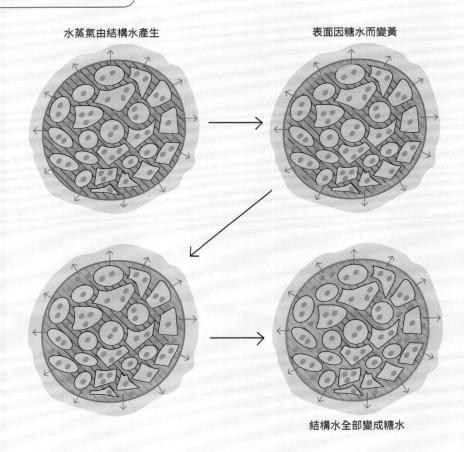

水蒸氣由結構水產生　　　　　　　表面因糖水而變黃

結構水全部變成糖水

　　生豆在烘焙過程中，表面結構會因為糖水的形成，而慢慢由白色轉成淡黃色。這個淡黃色澤會維持一段時間，原因是糖水形成後會持續針對內部結構水的水和蔗糖做結合，所以在所有的結構水轉成糖水之前，表面淡黃色澤會一直維持著。結合完畢只是糖水的狀態，如果要變成加熱媒介就必須讓糖水轉態成糖漿。

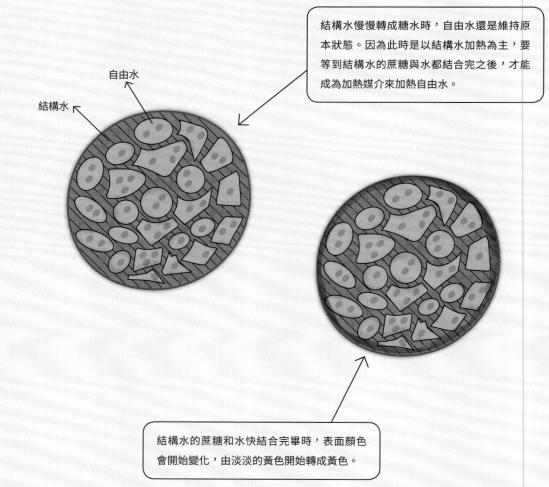

結構水慢慢轉成糖水時,自由水還是維持原本狀態。因為此時是以結構水加熱為主,要等到結構水的蔗糖與水都結合完之後,才能成為加熱媒介來加熱自由水。

自由水

結構水

結構水的蔗糖和水快結合完畢時,表面顏色會開始變化,由淡淡的黃色開始轉成黃色。

結構水轉成糖水 結構水轉成糖漿

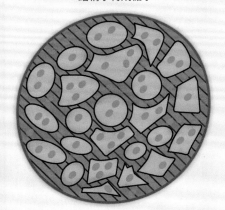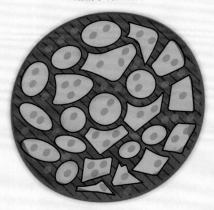

　　要讓結構水糖水變成糖漿的目的除了要讓蔗糖不會還原，另一個原因則是糖漿形成後的溫度會接近鍋爐，也就是說糖漿一旦形成，結構水的糖漿溫度會和鍋爐一致，這時結構水糖漿就可以替代鍋爐加熱自由水的蔗糖與水，這麼一來，就能達到生豆烘焙時內外溫度一致的條件。

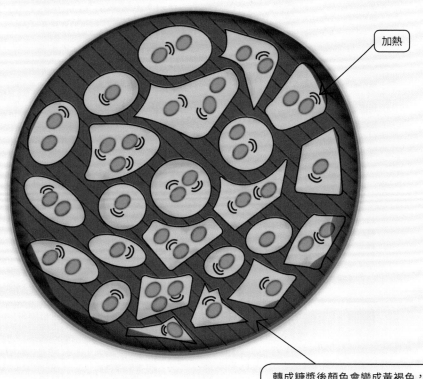

加熱

轉成糖漿後顏色會變成黃褐色，
此時的溫度至少有 110°C 以上。

　　糖水要轉態成糖漿的關鍵也是溫度，要讓溫度爬升至110°C以上，不過當初要保護生豆表面的水蒸氣就需要趕快移除，讓成形的糖漿開始對自由水的蔗糖與水加熱，而這時才是烘豆的關鍵！

風門與水蒸氣

　　風門開大，讓生豆表面水蒸氣含量可以降低，進而讓生豆表面溫度能迅速上升，同時使結構水的糖漿溫度快速上升。結構水糖漿一旦上升，就可變相持續加熱自由水的糖漿，等到自由水糖漿溫度被結構水糖漿加熱到相同溫度後，生豆內外溫差就可以接近一致。

　　這樣持續加熱的過程裡，糖漿的高溫會將水分持續帶走，當水分低於 20%，糖漿就會轉成糖球狀並產生糖收斂的狀態，進而開始撕裂纖維，這就是一爆的開始。

　　糖水需要更高的溫度才能轉成糖漿，而為了使其不會還原成糖水，則需要讓溫度維持在110℃以上才行，所以在結構水糖水完全轉成糖漿後，提升生豆表面溫度就是關鍵。生豆表面溫度是被水蒸氣所抑制，所以要讓生豆表面快速提高溫度，其中一個方式就是將鍋爐空氣流動量加大，也就是將風門開大讓鍋爐內多餘的水蒸氣流出。因此烘豆機的風門設計主要是在控制水蒸氣的量，包含從一開始的累積水蒸氣量，到中段加速釋出水蒸氣量以求生豆表面溫度上升，都是藉由風門來調節。

結構水糖漿完整的包覆在
自由水周圍

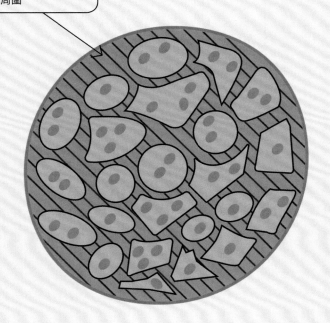

　　結構水的糖漿一旦完全形成，就有足夠的溫度可以
加熱自由水，讓生豆內所有被結構水包圍的自由水可以
得到均勻的加熱。

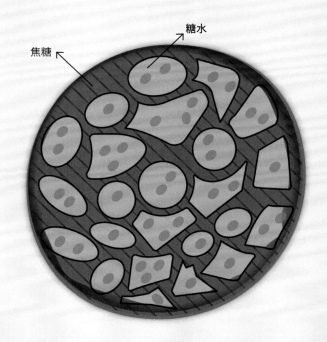

糖水

焦糖

這時結構水的糖漿會因為溫度急劇上升，開始脫水變成焦糖，而顏色也會轉成褐色，而自由水則形成糖水。

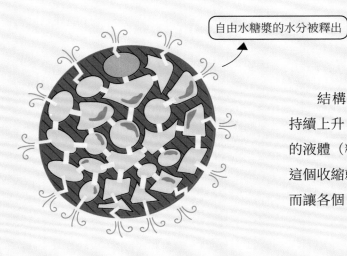

自由水糖漿的水分被釋出

結構水裡的糖漿因外部溫度的持續上升，會開始轉化成黏稠度更高的液體（糖球狀）而開始產生收縮。這個收縮就會讓纖維撕裂（一爆），而讓各個自由水的空間互通。

自由水裡的糖漿也會因為空間互通而產生連結聚集在一起，所以烘焙好的生豆中心部位都會看到較為密集（顏色較深）的部分。

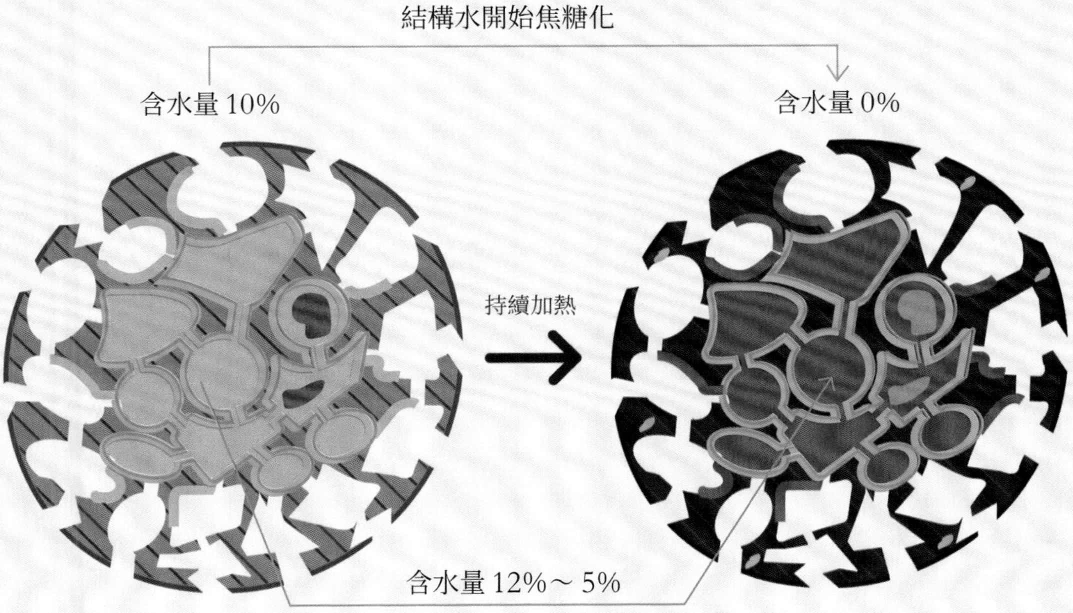

結構水開始焦糖化

含水量 10%　　　　　　　　　　　　　　　　　含水量 0%

持續加熱　→

含水量 12% ～ 5%

　　結構水的糖球在持續加熱的情況下，會因為水分脫乾而開始焦糖化，而自由水的糖漿也會隨著水分的下降，轉變成親水性極佳的轉化糖。

　　而轉化糖就是咖啡在萃取過程中實際被溶解在水裡的物質，也就是所謂的「咖啡」。至於水分要烘到剩多少比較好，詳細內容就請看烘焙實際操作的章節（P.81）。

2.
生豆
與烘豆機的關係

在第一章裡我們瞭解到，水蒸氣是咖啡烘培中最重要的一環，

除了可以讓生豆表面均勻受熱，

同時還可以快速加熱生豆水分加速糖漿的形成。

接下來的第二章內容，就是要將烘豆機搭配上理論，

開始進行烘豆的實際操作講解。

生豆與烘豆機

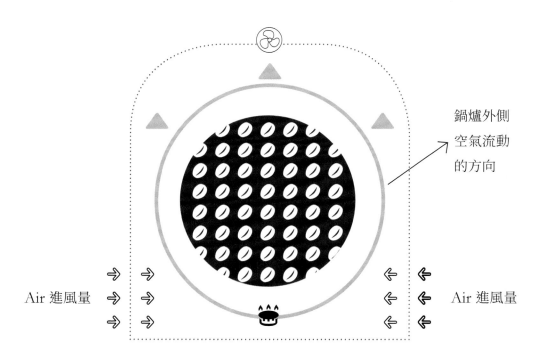

風門　　風流　　火源

鍋爐外側
空氣流動
的方向

Air 進風量　　　　　　　　　　Air 進風量

　　生豆是水蒸氣的來源，而控制水蒸氣的流量則要交給烘豆機。生豆在進入烘豆機鍋爐受熱後會產生水蒸氣，這時除了要將水蒸氣保留在鍋爐內部，還要讓空氣的流動變慢，這樣才可以利用水蒸氣對所有生豆進行均勻的熱傳導效應。而烘豆機設計裡的風門與轉速，就是控制水蒸氣和空氣流動的關鍵。

100°C

　　生豆內部水分會在到100°C時開始沸騰蒸發，而最早產生水蒸氣的地方是生豆表面，也就是結構水的部分。

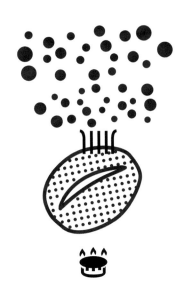

水蒸氣的來源——
鍋爐的溫度才是加熱源

⊛ 風門　▲ 風流　👾 火源

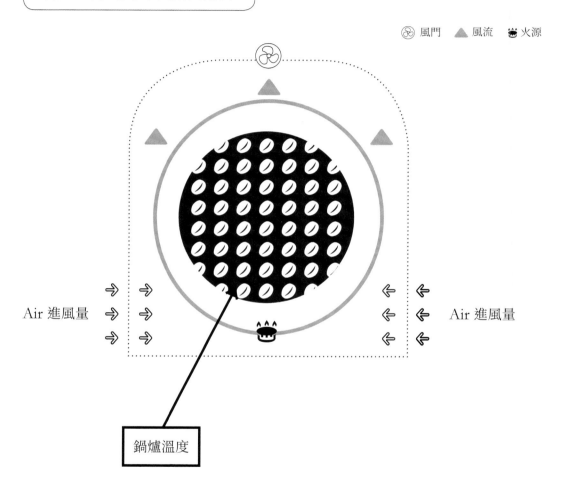

Air 進風量

Air 進風量

鍋爐溫度

　　生豆裡的水分（結構水）經過加熱可以產生水蒸氣，而所謂的加熱來源其實就是鍋爐。

　　在鍋爐的結構中，可以看到鍋爐與外殼之間會有空氣流動。空氣會被瓦斯火力加熱，但是可以加熱到鍋爐內的生豆卻很有限。而實際上可以讓生豆加熱的還是鍋爐本身，因此在加熱過程中要確保火力是直接作用在鍋爐上，風門才是最重要的關鍵。

　　烘豆機的構造中，有單純透過閥門開關，以及調節轉速的風扇等兩種模式，可以控制烘豆機內空氣量的流動，但是筆者比較推薦單純的閥門開關。原因是暖鍋過程中的鍋爐是處於半密閉的狀態，暖鍋時間越長，烘豆機內部的壓力也會慢慢上升，可調節轉速的風扇往往會因為壓力上升時強迫風扇轉快一點，反而讓想要維持的溫度被影響到而有失溫的結果。

　　反觀單純的閥門開關因為風扇轉速固定，只要閥門調整到設定位置，其空間就會被限制，這樣在壓力上升時則不會造成太大的影響。

水蒸氣與入豆溫的關係

　　因為我們都知道在水分沸騰時就可以產生水蒸氣，所以自然也覺得鍋爐的溫度在100℃就好。但因為生豆表面溫度一開始和室溫相同，當生豆進入到鍋爐時會吸熱，所以需要將生豆溫度補償一併計算進去。此外，別忘了生豆內部的溫度也要一併考量。當兩個室溫（25℃）加在一起時，鍋爐所需提供的基本溫度，就是100℃ + 25℃（外）+ 25℃（內）= 150℃。

　　因此在生豆進入鍋爐之前，鍋爐必須在150℃（文中示範的楊家1kg烘豆機，則需要再補償50℃，以確保水蒸氣的產生，所以楊家烘豆機的起始鍋爐溫度是200℃。）這是鍋爐基本的溫度要求，此外還會和鍋爐的保溫性良好與否息息相關。

　　生豆烘焙和麵包烘焙有異曲同工之處，而對於溫度的要求也是一樣。多數的甜點烘焙書都會寫道：「將你的烤箱先預熱到○○○℃，大約○○分鐘。」不知道你對這句話是否也同樣存有「不是溫度到就可以開始烘焙嗎？為何還要預熱一段時間？」的疑問。

　　因為溫度需要累積，尤其在烤箱的環境裡更必須確保每個角落溫度都一致，如果單純只靠指示器的數字，是無法擔保達到要求的。所以才需要一段時間的加熱，來確保需要溫度的穩定度；而烘豆機也有同樣的需求。

　　並不是指示器顯示為150℃，就代表鍋爐內部的各個角落都已經是150℃，而是要確實地穩定維持在150℃，才能讓生豆開始作用。

鍋爐暖鍋的溫度

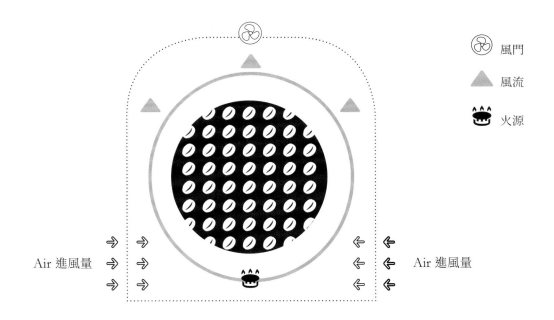

風門

風流

火源

Air 進風量

Air 進風量

　　鍋爐在預熱過程中，為了確保火源可以確實加熱在鍋爐上，這時風門的設定應該在最大風量的位置。

　　將風門關小的確可以讓鍋爐溫度快速上升，但就真的只是「快速」上升而已。風門關小會讓空氣停留在鍋爐過長，造成火源只是加熱到空氣而非鍋爐本身。最常見的狀態就是鍋爐溫度到了設定溫度，生豆一旦進入之後就看見鍋爐溫度直線下降，甚至低到100℃以下，這樣就表示鍋爐溫度並非真的穩定在設定的溫度上。

BRR （Best Reaction Ratio) 最佳反應比例

溫度來自火源，而火源的產生取決於瓦斯量，能讓讓鍋爐維持在正確溫度的瓦斯量，就是所謂的最佳反應比例（BRR）。

前文提及的風門涵蓋在BRR內，現在則將火源也一併討論。我們要如何找出最佳火源呢？建議先用小瓦斯量加溫一段時間後（建議至少45分鐘），觀察是否穩定維持在設定的溫度上，如果過低，再稍微調高瓦斯量，以此類推找到最佳火源。

本書的示範是使用楊家1kg烘豆機，建議的BRR是以1.0的瓦斯量暖鍋至少45分鐘，此時溫度會落在205～210ºC。

前文建議的溫度是150ºC，這裡的建議則是以210ºC，其中的差異是取決於鍋爐材質與保溫的能力，也就是說如果想用150ºC的入豆溫，你所使用的鍋爐材質保溫性必須非常良好，而最佳的檢測方式可以利用生豆進入鍋爐後的回溫點來判斷。如果1kg生豆進入鍋爐後的回溫點落在125ºC以下，表示鍋爐蓄熱能力有限，而補償的方式就是用較高的入豆溫來彌補鍋爐蓄熱能力不足的部分。

Key point
降低鍋爐空氣流動量

不用擔心鍋爐高溫會讓生豆表面產生焦化的問題,因為水蒸氣可以快速包覆在生豆表面,防止鍋爐高溫直接觸碰生豆,所以這時的水蒸氣越多越好,而風門的設定就是想鎖住更多的水蒸氣。

生豆一進入到鍋爐後,要記得將風門關小,至於關多小呢?原則上有基本風量就好(有效風門)。同時也別忘記要增加火力,因為當初BRR的設定是1.0的火力,但那是在空鍋預熱的狀態,所以生豆一旦進入火力也必須跟著提升。而火力要加多少了?簡單來說就是一倍以上。

這時增加一倍的火力只是單純補償額外的生豆,為了確保溫度不會受到生豆大小的影響,原則上建議使用2.3～2.5的火力。

風門是用來控制水蒸氣的量

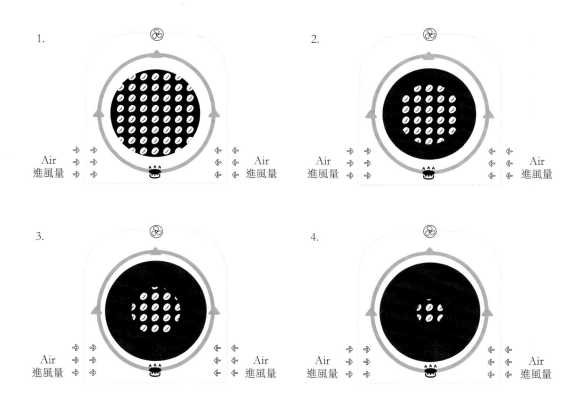

在有效風門的控制之下，鍋爐內的水蒸氣量會不斷增加，也加速生豆內部水分與蔗糖結合。這時要稍微注意一下，如果水蒸氣過多，反而會抑制溫度的爬升，所以要注意適時將風門打開，以維持適度的水蒸氣的量。

水蒸氣過多？

　　生豆在進入鍋爐會產生水蒸氣，正常來說有效風門會維持足夠的水蒸氣量來加熱生豆，但是隨著溫度的爬升水蒸氣的量也會有過多的狀態，這時在進豆口如果冒出白煙的話，就是水蒸氣過多的表現。

水蒸氣與糖漿的形成

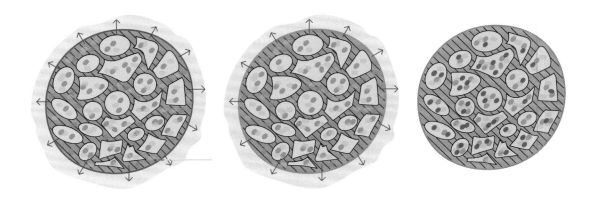

　　藉由水蒸氣的蒸烤，生豆的表面顏色也會受到影響，當水蒸氣開始產出時，會快速包覆住生豆，所以表面會變得比較青綠。

　　隨著時間拉長，包覆在生豆表面的水蒸氣量變多，表面顏色也會變成較淡的青色。

　　等到內部水分被水蒸氣交換出來之後，表面的結構水也會因為蔗糖開始和水轉為糖漿而轉為淡淡的黃色。

　　當淡黃色產生時就要提升生豆表面的溫度（MET），以確保糖漿的完整度，同時將糖漿水分繼續滌除到20%以下。

MET（Maximum Environment Temperature）
最大環境溫度

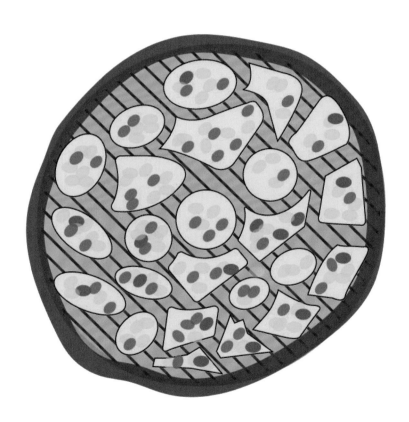

生豆表面開始轉為淡黃色之後，意味著結構水裡水和蔗糖的結合即將結束，如果這時的水蒸氣在表面滯留過多，會讓結構水裡的糖漿濃度無法提升，相對的溫度也無法提升。這麼一來自由水的水和蔗糖就不會有足夠的溫度結合。所以這時為了確保溫度穩定爬升，就必須維持最大環境溫度（MET）。而這個環境溫度的概念，就是指溫度需要足夠到讓自由水的水和蔗糖能從糖水轉成糖漿。

淡黃色的糖漿會隨著水分持續蒸發而慢慢轉為較深的黃色，最後當糖漿水分剩下20%時就會轉成褐色，這個轉變也就是梅納反應。

「梅納」一詞源自於1990年代初期首位發現並描述這種過程的法國科學家——路易·梅納。

「梅納反應」簡單來說就是利用熱能讓蛋白質基礎單位——氨基酸，和特定的轉化糖（葡萄糖、果糖）產生反應，製造出新的獨特氣味化合物。而在溫度持續的狀態下，這些新的氣味化合物又會再和氨基酸結合，形成更複雜的氣味化合物，最終則形成被稱為「梅納褐色素」的分子。

而隨著氨基酸和糖類的不同，加熱產生的氣味化合物也可能不同，咖啡生豆會在烘焙後產生不同風味，就是梅納反應所促成的。

梅納反應與焦糖化的關係

多數的人在初次接觸烘焙時，常常會把「梅納反應」和「焦糖化」這兩種狀態混為一談，但實際上這兩個狀態的結構卻有著天壤之別。多數人會混淆的主要原因，就是因為它們都和蔗糖有關，所以才會直覺的認為梅納反應和焦糖化是相同的作用。

其實梅納反應的主角並非蔗糖，而是所謂的「還原糖」，焦糖化則是以蔗糖為主（有無還原糖並不會影響其焦糖化的形成，一個簡單例子可以讓你更清楚所謂的焦糖化與梅納反應——水煮雞肉與鐵板煎雞肉。

雖然雞肉在水煮過程中一樣可以做到香嫩多汁，但是比起鐵板煎雞肉就是硬生生的少了鐵板熱煎的誘人香氣，同樣是香嫩多汁但是透過鐵板香煎的金黃酥脆口感與特殊香氣則是水煮雞肉無法產生的。而且水煮雞肉一旦在熱水裡過久外表反而會產生硬化，原因就是水煮的溫度最多就是100℃，雞肉裡的蔗糖想要跟水結合就必須要更高的溫度，維持在同樣的水溫上上下下，只會加速雞肉本身水分被熱水帶走，最後剩下的就是堅硬的蔗糖，這也是水煮久了雞肉外表會變硬、口感變乾柴的原因。

鐵板的高溫可以快速將雞肉表面的水分加熱，使得蔗糖得以和水結合而形成還原糖，有了還原糖之後透過鐵板的高溫能和氨基酸結合，這樣重複的過程會觸發梅納反應，讓雞肉在鐵板熱煎的過程中產生誘人的香氣。不過要在雞肉水分被用完之前就要起鍋，不然一旦水分用完之後，內部還原糖就會因為沒了水分的支撐而脫水成為焦糖，而這才是所謂的「焦糖化」。產生焦糖時表面金黃色也會成焦黑，特殊香氣也會消失。所以梅納反應是香氣與特殊風味形成的關鍵，其條件是還原糖而非蔗糖。焦糖化則是決定還原糖糖分與水分的比例，還原糖水分降為0%時，焦糖就會產生。

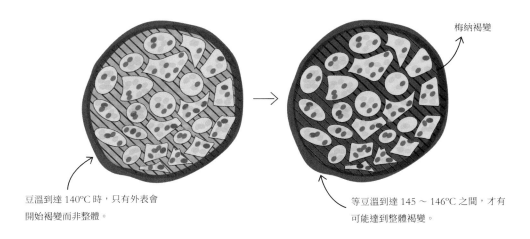

梅納褐變

豆溫到達 140℃ 時，只有外表會
開始褐變而非整體。

等豆溫到達 145 ～ 146℃ 之間，才有
可能達到整體褐變。

　　梅納褐變發生的溫度是多少？約在118℃以上。此溫度除了是MET（最大環境溫度）外，也是生豆烘焙梅納反應的起始點。只要最大環境溫度條件達成，結構水就會漸漸因水分蒸發而由裡到外都變成褐色，此褐色變化就是梅納反應常見的褐變。而產生褐變的區塊也提供了高於100℃的條件，可以直接加熱自由水裡的水和蔗糖，使兩者加以結合。

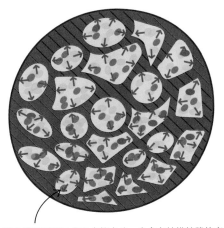

藍色箭頭是表示自由水的水分，也會在結構糖漿的高
溫狀態下被帶出。

註：此處所提及的 118℃ 是指生豆內部的溫度。
所以對應到鍋爐的溫度時，記得要加上 25℃ 作
為補償，也就是說鍋爐溫度是 143℃。

　　這時的溫度還在持續升高，不過請不用擔心表面會因為高溫而焦化，因為自由水還是有水分存在。而此時自由水裡的糖漿就必須靠結構水裡的焦糖化將自由水裡的水分帶出。

分布在自由水糖水外圍的水分，會因為結構水的溫度而慢慢減少。

　　自由水的糖水在失去水分後會開始轉化成糖漿，在此同時，結構水的部分也會因失去水分維持而開始焦糖化。

　　結構水的褐變會受到自由水的水分抑制，所以溫度不會爬升過快而焦化。此時的狀態只是將自由水的糖水加熱到自由水糖漿形成。

結構水焦糖化導致纖維斷裂，產生一爆的撕裂聲。　　　　　　　　　　中心部位較濕潤。

　　自由水的糖漿一旦形成，結構水會因為不再有水分抑制溫度上升而開始焦糖化，結構纖維也因為焦糖收斂被拉扯斷裂而產生撕裂聲，這就是一爆聲音的來源，而這一爆撕裂聲的產生會由內而外持續一段時間。此外，結構纖維斷裂也會讓自由水糖漿得以收斂在一起。

　　我們由右上的熟豆剖面圖可以看到，剖面中心部位會比較濕潤，這是因為糖漿集中於此的關係。

3.

生豆內含物質
對於溫度的變化

生豆內含物質

　　咖啡可以被萃取的百分比和深淺焙沒有直接的關係，深淺焙所影響的是生豆內部轉化糖的焦糖化程度，也就是轉化糖的水分含量，而這個焦糖化程度則跟風味與口感息息相關。

　　水分的多寡會讓酸質有不同程度的變化，酸質要明亮就要減短生豆內蔗糖與水結合的時間，酸質要滑順又持久就要加長蔗糖與水結合的時間。

　　生豆內的蔗糖與水結合的比例控制，第一個影響的因素就是入豆溫的高低。入豆溫高可以加速水分子移動，讓生豆內的水分能加速移動藉以降低蔗糖與水的比例；反之當入豆溫低時，水分子移動也會變慢，這時水和蔗糖結合的時間就可以拉長。水和蔗糖結合雖然可以藉由鍋爐的高溫來加速，但是單純倚靠鍋爐溫度來加速蔗糖水解，則會讓水分流失過快，容易造成蔗糖脫水降解產生碳化，而可以解決這個問題的就是生豆本身所含有的綠原酸。

　　綠原酸是有機酸的一種，在和蔗糖結合之後會將原本是雙醣結構的蔗糖轉成果糖與葡萄醣等單醣類（轉化糖），而這些單醣就是咖啡口感的主要來源。因

為綠原酸遍布在生豆內部，所以烘焙就是要想辦法讓這些綠原酸能和蔗糖全部結合，這樣的咖啡喝起來才會有飽滿的口感。但是飽滿口感會讓一杯咖啡顯得單調，而咖啡有趣而且讓人著迷的地方，就是不同的產地都會有不同的風味，而這特殊風味與香氣的主要來源則是咖啡酸。

咖啡酸來自綠原酸的水解，也就是說當水分透過溫度催化時，會加速綠原酸釋出咖啡酸，而同樣也是有機酸的咖啡酸也會跟蔗糖結合成單醣，但是這裡比較不一樣的部分，就是咖啡酸所呈現單醣類不是在口感上而是以風味（香氣）為主，而整個生豆烘焙就是環繞在綠原酸與咖啡酸的排列組合。

入豆溫的高低影響了生豆內水分移動的速度，同時生豆內部的內容物也會跟著產生變化，其中最重要的一個物質就是綠原酸──咖啡的口感（body）與風味（acidity）的主要來源。

糖漿與溫度

蔗糖在和水結合之後，透過水蒸氣的持續加熱，會呈現糖漿煮沸的狀態而變黃。蔗糖和水結合成糖水需要一些時間，但是在鍋爐的高溫狀態下，有可能會讓水分先行脫乾而讓蔗糖直接轉成焦糖，不過只要使其形成轉化糖，就可以解決這個問題。

轉化糖有一個優點就是親水性極佳，如果單純是蔗糖，跟水結合時間會比較長，而蔗糖在變成糖漿之前，水分就很有可能因為鍋爐的高溫提早蒸發，而產生碳水化合物，這也是一般鍋爐溫度過高而常有的乾澀味的主要來源。轉化糖本身的親水性就可以加快這個步驟，產出的轉化糖漿也有助於拉近生豆內外溫差，而製作轉化糖的基本要素就是有機酸——綠原酸。

轉化糖形成之後很快就會和水形成糖漿，而糖漿保溫性佳、蓄熱快，對於鍋爐內的高溫反而會成為最佳的導熱媒介，持續的將鍋爐內的溫度傳導到生豆內層，直到內部中心將所有的水分用盡時，糖漿的溫度會開始加速爬升，此時開始沸騰的糖漿會慢慢轉成黃色，生豆表面也會因而出現轉黃的現象。

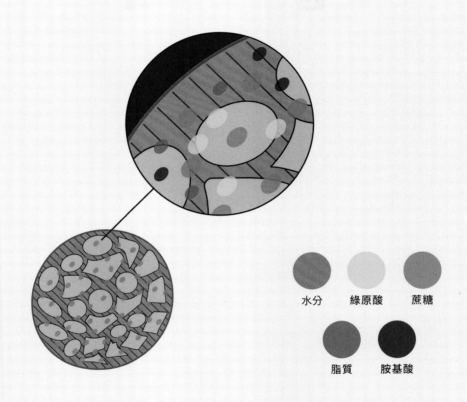

水分　　綠原酸　　蔗糖

脂質　　胺基酸

　　生豆中的基本內含物有水分、綠原酸、蔗糖、脂質以及蛋白質（氨基酸）……等，綠原酸是有機酸的一種，而在生豆加熱過程中，內含的水分會因沸騰而加速蔗糖與綠原酸的結合，進而產生轉化糖，綠原酸在碰觸到水的同時也會產生咖啡酸。

轉化糖——梅納反應的關鍵

咖啡酸也是有機酸的一種，生豆在加熱過程中會產生兩種轉化糖，一種是綠原酸轉化糖，另一種就是咖啡酸轉化糖。

咖啡酸的產生是來自綠原酸的水解，也就是讓綠原酸所處的水分環境產生移動。移動速度快，咖啡酸的量就會比較多；反之，移動速度慢的話，咖啡酸的量也會比較少。

P.49所表示的是在鍋爐溫度一致的情況下，藉由火力大小來達到控制水分移動速度的快慢。

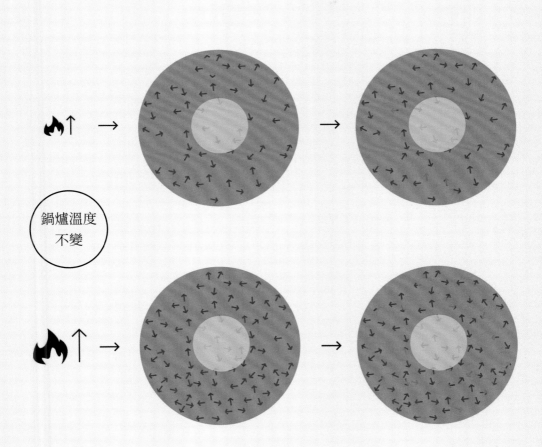

水分　綠原酸　咖啡酸

鍋爐溫度
不變

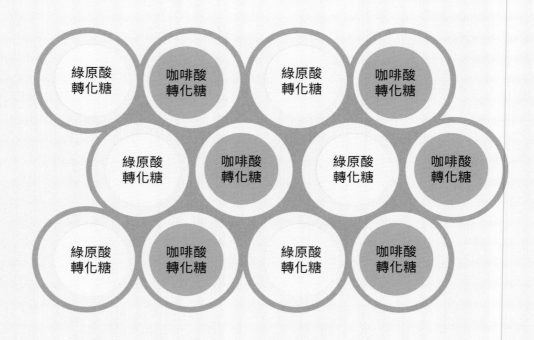

　　綠原酸與水解的咖啡酸都會和蔗糖結合成單醣類，隨著溫度升高，就可以將所有的蔗糖透過綠原酸與咖啡的結合轉為轉化糖。

　　既然是醣類，自然就容易集結在一起形成大量的糖漿，進而讓內外溫度差異變小。

持續上升的溫度會讓糖漿慢慢相互結
合，而因為咖啡酸本身就是綠原酸水解的產
物，所以咖啡酸轉化糖會先向綠原酸轉化糖
靠近。

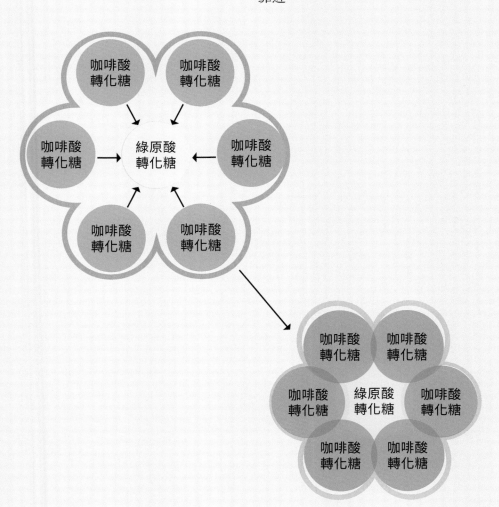

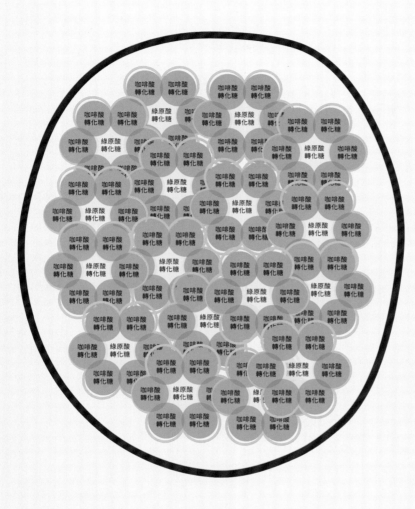

生豆內部慢慢就會形
成糖漿相互的結合。

　　綠原酸轉化糖與咖啡酸轉化糖的本質是一樣的,除了易於相互結合之外,
也有助於降低生豆在烘焙中內外的溫差。

　　隨著鍋爐溫度變高，咖啡酸轉化糖會慢慢
回歸到綠原酸轉化糖上，而質量最輕的水分則會
被排擠到外圍。

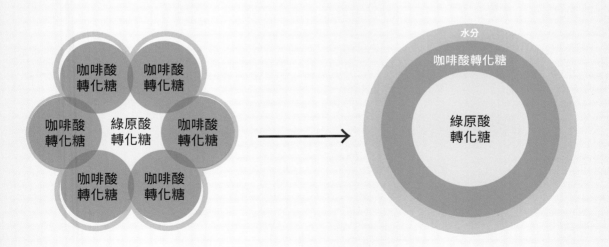

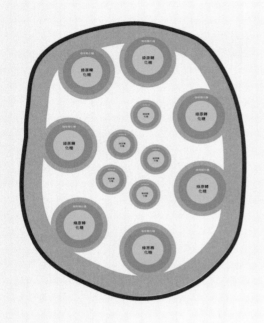

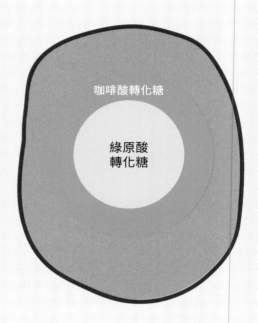

咖啡酸轉化糖

綠原酸
轉化糖

同時也會將多餘的水分慢慢集中，

最後會形成一顆大的轉化糖球。

4.

烘焙曲線的架構與設定關鍵

烘焙參數——烘焙曲線的基本結構

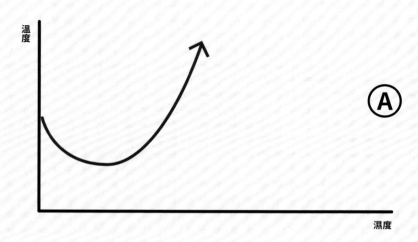

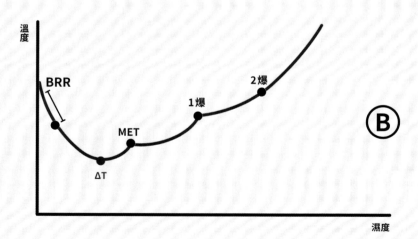

　　前文的敘述都是以高溫為前提，也就是說生豆在進入鍋爐之後鍋爐溫度不受影響。而P.58的A圖溫度爬升曲線則是在烘豆過程所期待的完美曲線。

　　但是生豆本身所含的水分一定會造成鍋爐溫度的消耗，所以烘豆過程中所要操作與理解的，就是鍋爐溫度的補償。既然消耗的關鍵是生豆的水分，那所謂溫度的補償就是在利用瓦斯火力的控制，來抵銷生豆中水分吸熱所產生的降溫。

　　鍋爐溫度會因為生豆的水分而下降，所以實際上鍋爐所產生的溫度爬升曲線，在瓦斯火力補償後應該是像P.58的B圖一樣，產生階段式的爬升曲線！

　　而其中最重要的就是進豆溫的選擇，這同時也是最佳反應比例的起始點。

BRR 溫度的補償概念

　　進豆溫的選擇取決於水蒸氣產生速度與總量，水在沸騰的過程中會產生水蒸氣，而生豆本身也具有水分，所以要讓生豆在進入鍋爐短時間內產生水蒸氣，就要確保鍋爐內的溫度至少要在100°C以上，但是考量到生豆內部溫度的補償、與外在環境溫度補償，所以鍋爐的溫度在生豆進入之前至少要150°C。

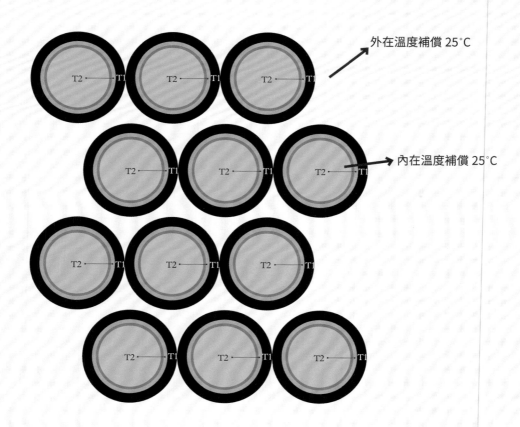

外在溫度補償 25°C

內在溫度補償 25°C

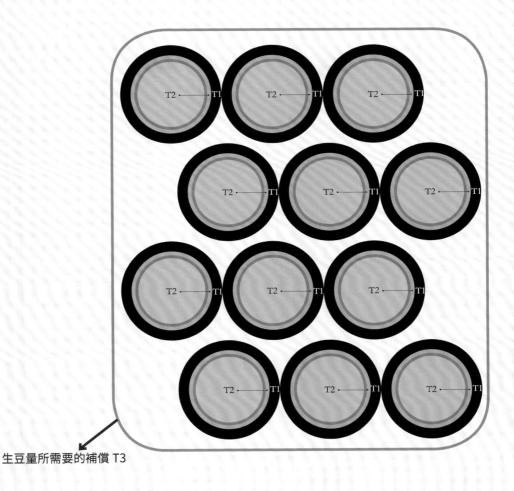

生豆量所需要的補償 T3

　　而第三個要補償的溫度就是生豆量的部分，而且要以該烘豆機可容納之公斤數為主，所以還必須將數量變多的溫度補償也一併算入，所以為了要讓生豆的水分在進入鍋爐後能在短時間內產生足夠的水蒸氣，在三個補償加總之後，是為175℃。

進豆溫與回溫點

進豆溫的選擇是以水蒸氣的產生速度為基準，再補償回可能的消耗，換句話說就是可以使用的入豆溫有三個基準：

第一個基準是150°C。
第二個基準是175°C。
第三個補償基準則是鍋爐本身的保溫蓄熱效果。本書所使用的是楊家1kg烘豆機，其鍋爐保溫的補償需要200°C，才可以確保生豆進入鍋爐後能馬上產生水蒸氣。

至於你的烘豆機適合哪一種進豆溫呢？最簡單的方式就是觀察回溫點 ΔT。生豆進入鍋爐會吸取鍋爐熱能而讓鍋爐溫度下降，在平衡之後就會開始爬升，而當下回升的溫度就是ΔT（回溫點）。

ΔT要高於130°C才可以使用第一個條件，而ΔT高於130°C也表示鍋爐保溫不受生豆量影響。。

ΔT低於125°C時，就必須選擇第二或第三個條件。

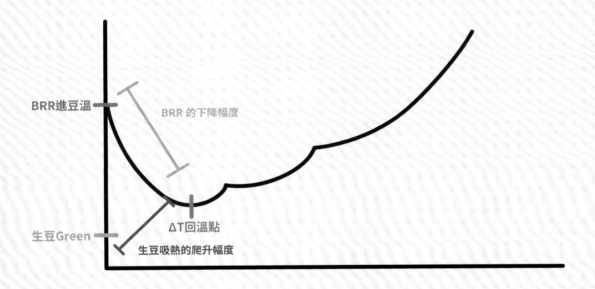

回溫點ΔT在技術上可以說是生豆的吸熱量，因此過猶不及都會影響生豆水蒸氣的產生量。

最佳的狀態就是BRR進豆溫的下降幅度、以及生豆吸熱的上升幅度，可以盡量呈現對等的狀態。

ΔT 回溫點所代表的意義

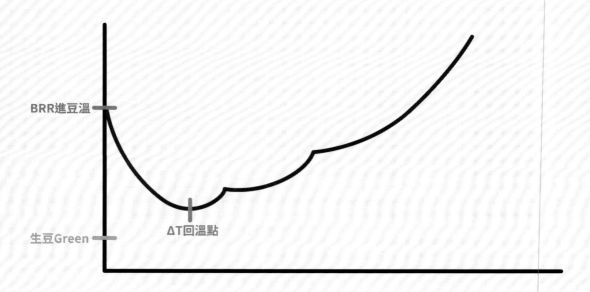

　　生豆在進入鍋爐之後會吸取鍋爐的溫度，讓鍋爐的溫度開始下降，等到生豆表面的溫度與鍋爐接近一致時，鍋爐的溫度就會停止下降，此時火力並未改變，所以鍋爐的溫度會再度開始爬升，而這個轉折點就是「回溫點」。

　　瞭解回溫點的結構後，可以知道回溫點其實就是指生豆表面的溫度（生豆吸多了溫度），而降到多低是正確的範圍，則有一定的標準。這標準就是不可以低於100℃以下，原因是水蒸氣產生的條件必須至少100℃，如果ΔT低於100℃，就等於鍋爐在回溫點之前，不會產生水蒸氣（或者過少），而這個狀況就會讓生豆內外溫差漸大，造成生豆內部不熟的情形。

　　ΔT最佳值則是125℃，因為從生豆進入到鍋爐直到ΔT都是可以讓生豆水分沸騰的溫度。

　　以此為出發點就可以規劃出火力增加的時間點。舉例來說，ΔT如果接近125℃就無需增加火力，但如果觀察到鍋爐溫度持續下降到110℃時，還沒看到下降緩和的狀態，那就代表需要外加的火力來維持鍋爐溫度，所以可以把110℃當作一個加火的時間點。

BRR 進豆溫與暖鍋的關係

　　這個溫度應該是在生豆進入鍋爐前就必須穩定產生，而鍋爐的溫度來源是以瓦斯的燃燒量為主，所以如何確認瓦斯量是足以支撐卻又不會過多的情況，則是火力調整的基本原則。

　　在暖鍋的過程中，先將風門設定在最大風門的位置，這是因為風門在最大的位置，可以確認瓦斯的大多數火力都加熱到鍋爐上，如果刻意控制風門大小反而會累積熱空氣，最後會演變成熱空氣在對鍋爐加熱，而非瓦斯的火力。

　　風門開到最大之後，先將瓦斯火力調至1.0，然後至少暖鍋半小時。如果進豆溫設定在200～205°C，在1小時之後鍋爐的溫度應該至少要能到達200°C，如果低於200°C就應該將瓦斯量加大，讓鍋爐可以到達設定溫度。而最佳狀態是設定的瓦斯火力可以到210°C，多出來10°C是為了應因環境的變化，確保鍋爐火力不會變化太大。

　　這個溫度與火力對應值則被稱為BRR，也就是最佳反應比例
（Best Reaction Ratio）。

　　所謂的反應是指生豆內部物質的反應，而促使其發生的關鍵
就是溫度，要讓生豆的內容物可以持續作用，溫度就必須要可以一
直進入到生豆內部，所以BRR就是指「進豆溫的設定」。既然是
最佳反應，生豆進入鍋爐之後溫度都必須是穩定的，這時生豆內的
水分（結構水）會不斷吸收鍋爐暖鍋累積的溫度，而產生鍋爐溫度
不斷降低的情形，等到生豆水分（結構水）開始沸騰產生水蒸氣時
才會停止吸熱，這個溫度停止下降的點就是回溫點（ΔT），而鍋
爐溫度這時才會繼續往上爬升。以BRR的概念來看，就是指進豆
火力是否足夠維持到合理的回溫點。

烘焙曲線的建立與參數來源

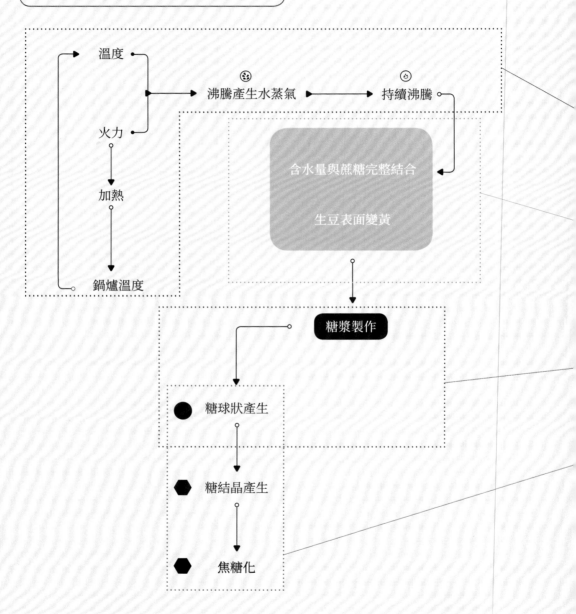

在此將前文敘述的三個章節整合成一張系統結構圖，藉由這張系統圖可以將烘焙過程中所需要設定與調整的關鍵分為四個節點：

◉ 入豆溫 BRR 的設定

◎ 最大環境溫度的提升 —— 梅納反應起始點

◉ 梅納反應的完整度

◉ 下豆點 深淺焙的選擇

而這四個節點的連結就是烘焙曲線的基本結構。

BRR 進豆溫的設定

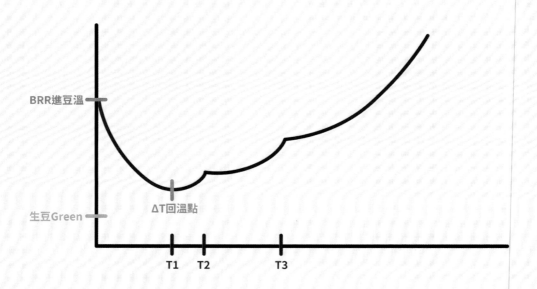

　　此圖表是前文提及過的完美烘焙曲線，起始點的BRR與回溫點已經在前面有解釋，接下來是要將前述剩下的三個重點放入曲線圖中。

　　BRR進豆溫的設定是為了讓生豆進入鍋爐之後，可以產生水蒸氣促使結構水的蔗糖和水結合，而這段時間所產生的水蒸氣也會消耗鍋爐溫度。到了回溫點時要注意溫度需做適當的火力補足（細節請閱讀P.64「回溫點所代表的意義」）確保水蒸氣的量不會減少。

　　從回溫點開始就是結構水的蔗糖和水結合的完整度關鍵，一旦生豆表面產生淡黃色，就代表結構水的蔗糖與水已經結合完畢。接下來就是要維持最大環境溫度讓結構糖水轉成糖漿。

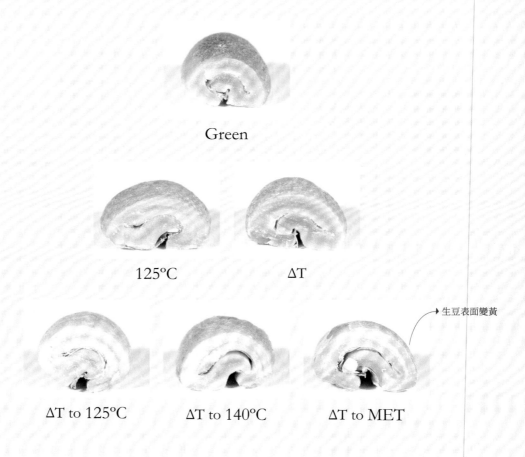

Green

125°C   ΔT

→ 生豆表面變黃

ΔT to 125°C   ΔT to 140°C   ΔT to MET

　　上圖是生豆進入鍋爐之後的變化，表面白色的部分是內部結構水分隨著鍋爐溫度變化，等到表面變成淡黃色，就代表結構水的糖水已經結合完畢。

MET 最大環境溫度的提升 —— 梅納反應的起始點

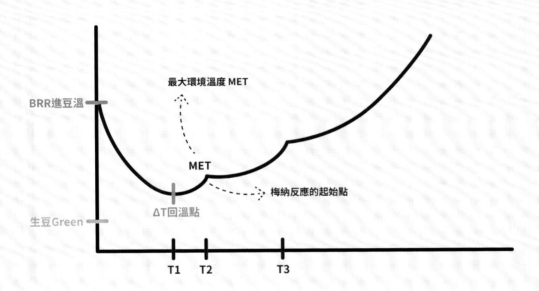

最大環境溫度 MET

MET

梅納反應的起始點

BRR進豆溫

ΔT回溫點

生豆Green

T1   T2   T3

　　最大環境溫度啟動之後，會讓結構糖水轉成糖漿，也是梅納反應的起始點。梅納反應會有兩個階段：第一個階段是結構水（纖維的部分）的梅納反應，這是咖啡豆研磨後會有迷人香氣的來源。但因為咖啡纖維無法被萃取出風味，所以重點是自由水的梅納反應。

梅納反應的完整度

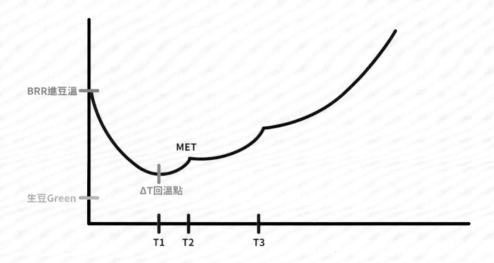

從MET開始，結構水會因高溫而持續將水分推出使糖水變成糖漿。這時自由水裡的蔗糖和水，也會因為結構水糖漿而有足夠的溫度變成糖水並產生梅納反應。

因此梅納反應的完整度，其實是因結構水糖漿的溫度促使自由水裡的蔗糖與水做梅納反應而完成的。最後，結構糖漿因為水分用盡而焦糖化，讓纖維開始因焦糖收斂而斷裂產生一爆的撕裂聲。在一爆過程中，隨著纖維斷裂讓自由水糖漿有互通的空間而集中在咖啡豆中心位置，此時烘豆便進入關鍵狀態，也是梅納反應完整度的關鍵點。

MET to 150°C　　MET to 160°C　　MET to 170°C

MET to 180°C　　　MET to 190°C

生豆從最大環境溫度開始會加色，顏色從淡黃色變成深褐色。
這個過程就是梅納反應的褐變，但是這只發生在結構水的部分。

MET to 1ct （195°C）

接近一爆時會聽到稀稀落落的撕裂聲，而生豆表面則有液體的糖漿開始向生豆中心集中。

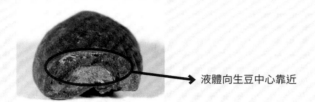

液體向生豆中心靠近

這個液態狀的糖漿就是梅納反應中帶有不同風味的轉化糖，這時的轉化糖漿還有將近20％的水分，為了讓轉化糖漿不會還原，所以要繼續加熱到水分低於11％左右。

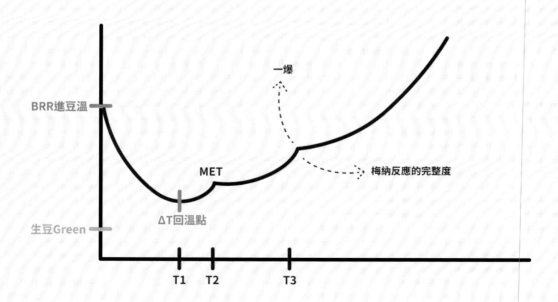

咖啡豆烘焙結束的判斷 —— 深淺焙的差異

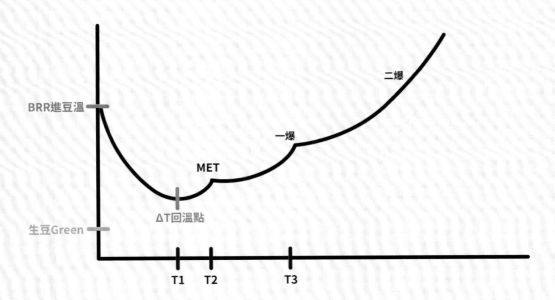

　　一爆開始時因為纖維結構斷裂，所以讓自由水的糖漿可以集中，而這時自由水的糖漿則開始會直接觸碰到鍋爐的溫度，所以要記得適當的將火力調降，避免自由水糖漿一下子脫水過快而產生焦糖化。

　　一爆過後自由水糖漿會開始集中，這時內部糖漿還會殘存近20%的水分，而淺焙可以下豆的條件，則必須要將水分降至11%以下。

MET to 1ct（195°C）　　1ct to 203°C　　　　1ct to 210°C

　　產生一爆的溫度會隨著生豆含水量而有差異，大約在190～198°C之間。一開始零星的斷裂聲會隨著生豆斷裂的比例越來越多，聲音也會越來越密集。

　　一般而言當一爆聲音最密集時外圍的自由水糖漿應該已經收縮，水分也差不多減少到11～12%左右變成濃稠的糖球。

1ct to 215°C　　　　　　　1ct to 218°C

接下來就是一爆聲音越來越少將近尾聲，此時的水分則會降到8%左右，而糖漿會變少、變成濃稠的糖結晶。

1ct to 220°C   1ct to 225°C

最後就是水分低於5%，糖結晶開始崩解碎裂產生細小聲音是為第二次爆裂（二爆）。

所以咖啡豆下豆的時間點，原則上就是以深淺焙為基準，也就是以一爆過後含水量要降到什麼程度為基準。

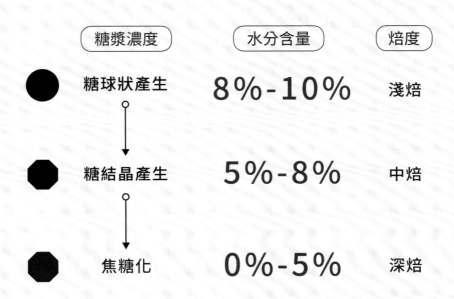

糖漿濃度	水分含量	焙度
糖球狀產生	8%-10%	淺焙
糖結晶產生	5%-8%	中焙
焦糖化	0%-5%	深焙

　　糖球、糖結晶與焦糖的分別其實就在於糖漿濃度的不同（剩餘的水分多寡不同），上圖是深、中、淺三種焙度的含水量參考數值。

5.

咖啡豆烘焙的實際操作

烘豆機的基本操作與主要結構

　　在開始烘焙之前，我們來認識一下烘豆機的基本結構。這裡使用的是楊家1kg烘豆機，其實其他廠牌的烘豆機結構也大同小異。等到熟悉操作之後，不論使用哪種烘豆機，都只要稍微調整就能快速駕馭該機器。

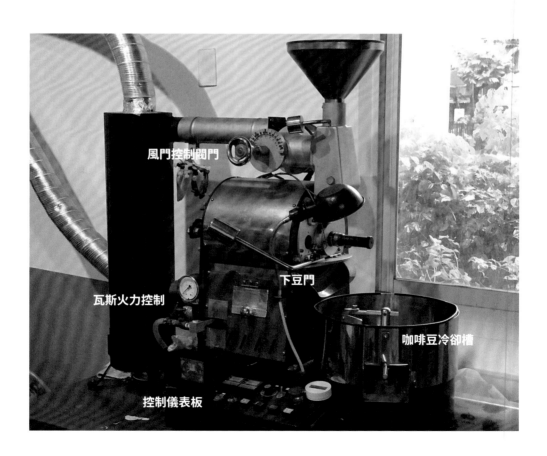

風門控制閥門
瓦斯火力控制
下豆門
咖啡豆冷卻槽
控制儀表板

基本操作介面

風門

風門一般有「單純的閥門控制」與「風扇轉速控制」兩個種類，而風門最主要的功能就是水蒸氣量的控制。因此這兩種選擇的差異性是取決於烘焙生豆的總量。一般低於15kg 的烘豆機，會建議單純的閥門控制，而高於 15kg 的烘豆機，則建議風扇轉速控制。

瓦斯壓力表

瓦斯壓力表是用來顯示瓦斯火力（量）的多寡，多以指針（類比）的方式顯示，數字的大小代表瓦斯量調整的單位。

控制儀表板

控制儀表板上面會有風溫與豆溫的顯示，瓦斯點火的裝置則在右上方。而鍋爐轉動電源、冷卻槽、風扇控制則在下方。其他機型的烘豆機控制面板或有不同，但是差異性不大，可以詢問廠商作為確認。

咖啡豆開始烘焙前的三個關鍵 —— 關鍵① 暖鍋

本書示範所使用的烘豆機需要的基本入豆溫是以200°C為基準，所以必須先讓鍋爐的溫度可以穩定在200°C以上。而建議的瓦斯量則是1.0，暖鍋時間則是45～60分鐘左右。

暖鍋過程中風門設定應該是設定在最大風門，以確保燃燒的瓦斯可以直接加熱到鍋爐而非空氣。60分鐘之後溫度到達200～210°C之間時，第一階段就算完成。

最大風門的判斷

如果暖鍋經過30分鐘之後，鍋爐溫度停滯在160°C左右的話，解決的方式可以將風門關小一格確認溫度上升狀態，如果10分鐘內上升溫度低於10°C，請再將風門關小一格。以此類推直到鍋爐溫度可以落在200～210°C之間，而這時的風門就是該機器的最大風門。

在暖鍋的等待時間，可以同時規劃烘焙參數，也就是烘焙曲線。

不一定是最小風門

不一定是最大風門

　　風門最大與最小的位置，有時不見得是閥門所預設的位置，因為風門的對
應應該是以鍋爐溫度為主。1.0的瓦斯火力如果無法讓鍋爐溫度提升到200°C以
上，那就表示風門可能過大而讓鍋爐溫度無法累積。

　　多數的人會認為將瓦斯量加大不是也可以解決這問題嗎？但是在烘豆機的
結構裡，過多的瓦斯量只會增加鍋爐表面的溫度，而無法快速提升鍋爐「整體」
的溫度。而將風門調整至鍋爐有足夠時間吸熱的風流量，才是正確的方式。

關鍵② 規劃烘焙曲線

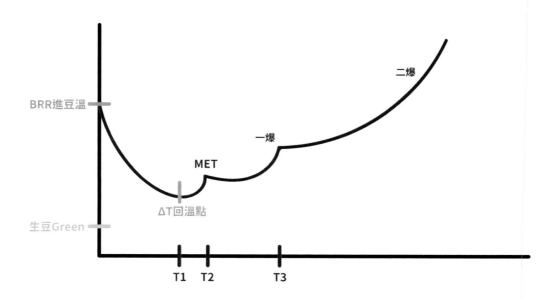

前文已經將烘焙曲線的結構完成，而從曲線的結構來看，要控制的點只有三個，嚴格來說是兩個，也就是BRR（進豆溫）和MET（最大環境溫度）。而第三個其實是下豆的溫度，也就是深淺焙的選擇，這比較偏向個人喜好，不在需要控制範圍之內，所以才說真正需要操控的只有兩個。

BRR是進豆溫，但是這個溫度同時貫連三個狀態：

① 穩定的進豆溫。這是指鍋爐要到達的溫度與對應瓦斯量。前文提及暖鍋時就已經將溫度控制到200～210℃之間。

② 實際生豆的進豆溫。生豆來源與處理的不同，會影響到生豆含水量。

③ 生豆全數進入鍋爐後的火力調整時間點，而判斷點就是ΔT（回溫點）。

　　第一個狀態的暖鍋，已經在前文說明完畢，接著要處理第二個狀態——生豆含水量所需要補償的溫度。

咖啡生豆進豆溫

　　咖啡果實經過處理之後，才會成為咖啡生豆。依照世界各地區水源供應程度的不同，處理方式會有一些差異。但是主要可以分為日曬與水洗（或稱為半水洗）兩種。日曬的過程是將咖啡果實快速沖洗與其他雜質分離，然後將果實取出曝曬約兩週左右。

　　水洗則是將果實脫去果皮後，在水槽浸泡至半天或三天不等的時間，之後一樣曝曬兩週左右。

　　對於烘焙上的影響就是一開始結構水的含水量日曬會比較多、水洗比較少，所以入豆溫在選擇上會建議偏高一點，約在203～206℃的區間。

處理法與進豆溫的相互關係

　　多數人在看到日曬處理與水洗處理時，都會以為水洗的生豆含水量會比較高，但如果在瞭解水洗的過程（將果皮脫去之後，浸泡在水裡約兩週）後，會知道這個過程其實就和人泡在水裡一樣，時間一久皮膚就會脫水。

　　所以水洗過程裡會因為浸泡的時間而造成表面脫水，也就是表面結構水較少，所以進豆溫的選擇會較低。如果同一種咖啡生豆的日曬處理與水洗處理，多數而言日曬的進豆溫會比水洗的進豆溫高1°C。

　　下表是以楊家1kg烘豆機為主的進豆溫（BRR），提供讀者作為參考。

生豆種類	進豆溫
耶加雪啡	水洗・203°C 日曬・204°C
西達摩	水洗・203°C 日曬・204°C
瓜地馬拉	205°C
哥倫比亞	205°C
哥斯大黎加	204°C

示範生豆為日曬西達摩
進豆溫為 204°C

鍋爐設定在200°C是生豆水分的基準點，所以生豆含水量的不同則可以200°C＋N°C的方式來微調。

這裡是以日曬西達摩為例子，因為日曬結構水分較為集中、水分密集度高，所以用200°C＋4°C＝204°C作為其進豆溫。

此時鍋爐溫度若高於204°C，可以將下豆門打開降溫，讓鍋爐溫度做適當的下降，然後等待回溫至204°C時再將進豆閥打開，但是不可以將火力（1.0）調降。

等到鍋爐的溫度到達204°C，就可以打開進豆閥讓生豆進入鍋爐。此時是產生水蒸氣的關鍵，所以風門要關到最小讓鍋爐充滿水蒸氣。同時請注意鍋爐溫度下降的程度，也就是回溫點的溫度。如果ΔT低於125°C，要記得增加一倍的瓦斯火力。

BRR 第二個狀態到此算是完成，接下來就是最後一個狀態。

關鍵③ 瓦斯火力補給的時間點

回溫點的狀態

　　生豆進入之後，將風門關小累積足夠的水蒸氣，同時鍋爐也會因為水蒸氣會有所消耗。這時就要觀察回溫點的狀態，來判斷補償瓦斯量的時間點。

　　稍早對於回溫點定義有做一些解釋，所以生豆進入之後請觀察一下豆溫顯示與下降的幅度，如果低於125℃就是必須補火的提示。

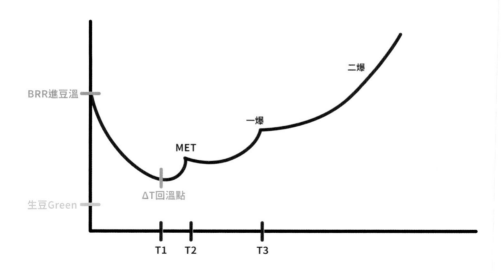

　　增加火力的幅度原則上是原本的一倍，所以火力為1.0～2.0，，調整完之後就是等待最大環境溫度MET的到來。

MET 最大環境溫度的形成

　　生豆表面開始轉黃時，代表結構水的蔗糖已經和水結合產生轉化糖漿，這時要將風門開大讓水蒸氣大量排出鍋爐外，以維持最大環境溫度避免轉化糖會還原成蔗糖的狀態。而風門開大的時間點則是以鍋爐溫度為主，分別為145°C、145.5°C、146°C和146.5°C。

　　此處示範的日曬耶加雪菲則是在鍋爐溫度到達146.5°C時將風門開大。

　　最大環境溫度其實用開大風門的方式就可以達成，開大的幅度以二～三格為原則。以楊家1kg烘豆機來說，其鍋爐保溫性在風門開大時有失溫的疑慮，所以這時也要補償火力（2.0～2.3），以防溫度爬升緩慢。

　　如果溫度顯示的最小單位是1°C，那最大環境溫度可以調整的範圍，就只有145°C和146°C，多數的生豆都適用146°C，唯一可以用145°C這項條件的，只有水洗耶加雪菲和水洗西達摩。

MET、梅納反應開始

　　最大環境溫度產生之後，就是梅納反應的
開始。這時生豆的結構水糖漿會因為溫度越來越
高、水分脫去，而開始產生褐變。

糖漿的製作指的是自由水
的糖漿，而過程則是藉由
結構水所形成的轉化糖漿
來加熱自由水。

BRR

MET 146.5°C

ΔT

形成轉化糖漿需要的溫度是
120℃ 以上，所以對應到鍋爐
溫度就是 145℃，而之所以選
擇 146.5℃ 也是為了對應其含
水量的差異。

梅納反應

1ct

一爆

　　到達一爆之後，就是自由水收斂的關鍵。這時自由水糖漿形成但還有20%左右的含水量，此時記得將風門再開大兩格。因為這20%水分也會產生水蒸氣，為了不影響鍋爐溫度，要記得將風門加大將水蒸氣釋出。

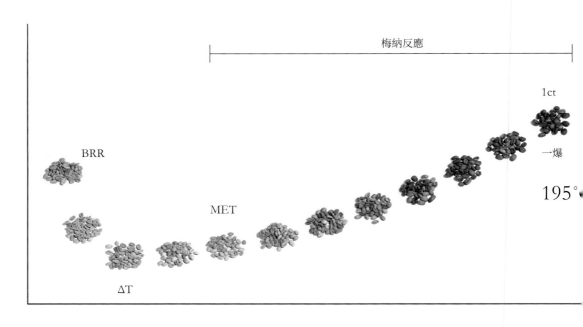

　　自由水在全數轉為轉化糖漿時，結構水的糖漿會因為沒有水分補充，而開始變成糖球也就是焦糖化的開始，表面顏色會轉成更深的褐色。而持續的高溫會讓焦糖開始收斂並撕裂木質纖維，同時產生碎裂的聲音，這就是一爆聲音的來源。

　　這時自由水的糖漿濃度約達到80%，糖漿溫度會快速上升（代表鍋爐溫度不會受到多餘水分的消耗），所以要記得將瓦斯量降回最初暖鍋的瓦斯量1.0。

淺焙（含水量 10 ～ 11%）

200°C　　　203°C　　　205°C

　　一爆過程中因為有水蒸氣釋出，所以生豆表面褐變的速度得以減緩。自由水糖漿的水分也會從一爆開始的20%，隨著溫度升高而減少，到203°C時就差不多剩下10%左右。

　　轉化糖漿的濃度在80%時剩餘的水分雖然很少，但還是有可能會在下豆冷卻過程中，吸附空氣中的水分而還原成水和蔗糖，所以最保險的方式，就是將濃度提高到90%左右，以確保轉化糖漿的完整度。

　　而轉化糖漿濃度在90%時所需要的溫度是200°C，同樣的，因為生豆含水量不同的關係，所以此處示範烘焙的日曬耶加雪菲的建議溫度為203°C。因為這時的咖啡豆還有10%的水分，所以香氣非常明顯，而此階段的咖啡豆焙度為淺焙。

中焙（含水量 8 ～ 10%）

　　如果喜歡咖啡豆富含水果香氣，就可以選擇在203～205°C之間下豆，因為這時的自由水糖漿還有將近10%的水分，酸香氣也是最明顯的時候。

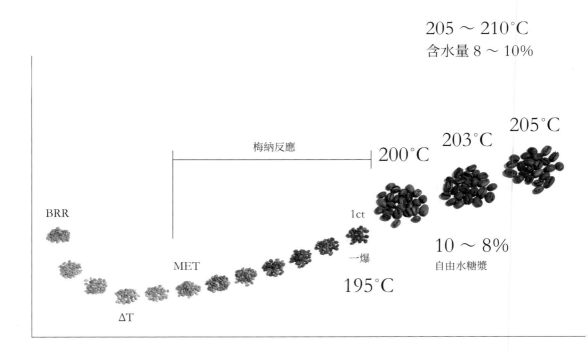

205 ～ 210°C
含水量 8 ～ 10%

205°C

203°C

200°C

梅納反應

BRR

1ct

10 ～ 8%
自由水糖漿

MET

一爆

195°C

ΔT

深焙（含水量 8%以下）

225°C

218°C

210°C

　　當溫度來到210°C時，自由水糖漿的水分開始低於8%，隨著鍋爐水分的減少，生豆表面褐變會加速轉成深褐色。喜歡咖啡醇厚口感與回甘風味的話，就選擇烘焙到這個階段。

① 最小有效風門的鑑定方式

　　如果你所使用的烘豆機風門調節閥，就像是書裡標示的一樣有多個位置，那所謂的最小有效風門有可能就不是最右邊的那個位置。

　　有效風門的概念是讓瓦斯火力燃燒最小的空氣量，而鑑定的方式就是在暖鍋30分鐘之後，從最大風門開始逐步將風門調節閥一格一格關小。同時請注意豆溫在關小的過程中，是否溫度持續上升，如果在逐漸關小時，有一格會讓豆溫下降，請注意這表示當下的風門無法提供基本空氣流動讓瓦斯燃燒，也就是無效風門，而從無效風門往前一格，就是該機器的最小有效風門。

② 烘豆機的差異與對應調整

　　烘豆機的重點就是讓鍋爐的溫度上升快同時又兼具保溫的功能，所以以此作為出發的話，會知道鍋爐的材質影響最大，而瓦斯火排的設計則在其次。

　　烘豆機的設定不外乎鍋爐、瓦斯火排與風門三種基本組合。為了讓鍋爐溫度不易消散，所以都會用鐵殼將鍋爐包覆住，而為了讓生豆在鍋爐受熱均勻所以會讓鍋爐轉動，要讓鍋爐溫度可以完全包覆住生豆則需要水蒸氣。

　　水蒸氣當然是在生豆進入鍋爐後能馬上產生為最佳，最好生豆一進入鍋爐就可以產生足夠的量，這樣生豆表面就能開始產生轉化糖漿，而烘豆機的鍋爐保溫是否良好就是關鍵。

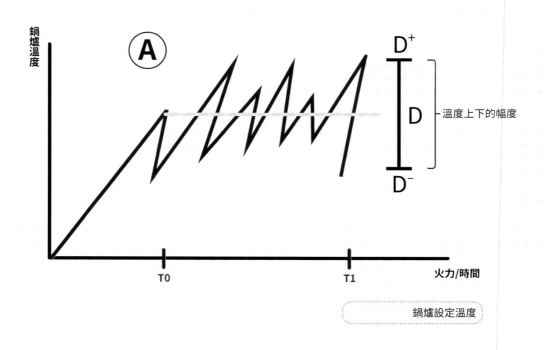

鍋爐設定溫度

　　入豆溫的設定是為了讓生豆表面產生水蒸氣，當溫度穩定水蒸氣就可以持續產生，但是如果你所使用的鍋爐溫度起伏太大，就像是A圖一樣的話，過高的溫度會消耗水蒸氣，溫度低又無法讓水沸騰。在A的鍋爐裡可以產生水蒸氣的狀態只有D～D＋，如果今天溫度落在D～D－，就不會有足夠的溫度產生水蒸氣。換句話說，在一定的時間段裡（T0～T1）只會有一半的水蒸氣量，自然結構水的糖漿完整度也就只剩一半。這樣一來也就意味著結構水的糖漿也會較慢形成，變相的讓鍋爐溫度無法完整傳達至生豆內部，而自由水糖漿的總量也會因此受限，自然香氣與口感同樣會稍顯不足，所以才需要藉助風門來調整空氣流動，以刻意保留鍋爐內水蒸氣的量。

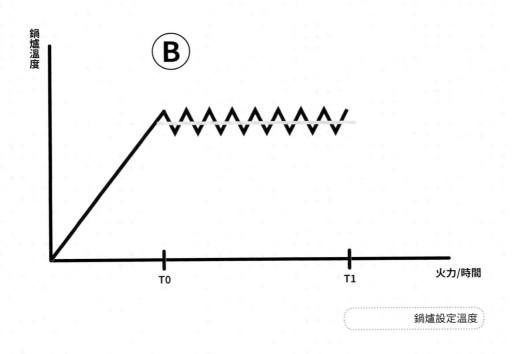

鍋爐設定溫度

　　反觀B圖，當鍋爐可以提供穩定的溫度，讓生豆能穩定產生水蒸氣時，傳導到自由水的速度自然就會加快。而且會因為水蒸氣穩定產出，讓結構水與自由水的溫度傳導差異變得非常小，使得同一種生豆在這種狀態下，烘焙出香氣與口感都好非常多的成品。

③ 直火與半熱風

　　如果鍋爐材質的保溫度有限，就必須外加保溫的效果或用不同的加熱方式，而遠紅外線就是其中一種。優良的鍋爐材質或是遠紅外線加熱，都可以讓鍋爐溫度非常的穩定，也意味其鍋爐因溫度產生的壓力也相對穩定，所以這一類型的烘豆機不太需要風門的調整與控制，其風門設計只要有開和關的功能，或最多三個階段（關、一半、關）就夠了。而對於水蒸氣的控制，也是用瓦斯量的火力大小來控制就好，水蒸氣的量要多一點火力就小一點，水蒸氣排出快一點火力就大一點。

　　在鍋爐材質可以改善的空間有限情況下，另一個改善方式就是調整鍋爐的受熱面積，也就是以直火增加受熱。而增加受熱面積的方式，就是在既有鍋爐的表面鑽孔，鑽孔的範圍對於鍋爐來說，就是額外的受熱面積，鍋爐表面多出來的孔洞，

也可以降低火力傳導的誤差。但是要注意的是火力轉換需要更為精確，不然直接接觸火力的咖啡生豆，就會有燒焦的疑慮，要特別注意！

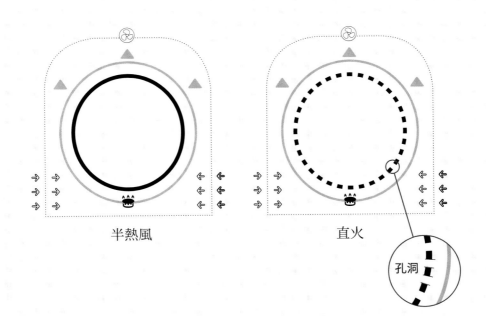

半熱風　　　　　　　　　直火

孔洞

④ 養豆的必要性

　　咖啡生豆在進入一爆的狀態之後，結構水的糖漿會形成水分趨近於0%的糖塊。而自由水的糖漿則因為空間相互通聯，會開始集結一起，這時自由水的糖漿的水分還有將近20%。為了不讓多餘的水分造成轉化糖漿還原，所以建議至少要將水分降至11%以下；水分降得越多，相對而言咖啡可以保存的時間也可以越久。

　　決定好下豆溫度時，保留的水分在短時間內，還是會存在在結構水與自由水糖漿之間，而這個水分需要一些時間回歸到自由水轉化糖內。如果當這些水分還在時就進行沖煮的話，會讓熱水無法直接接觸到轉化糖，這樣一來釋出量就會變少而讓水感變重。而這段等待水分回歸轉化糖的時間，就被稱之為養豆。

　　至於養豆時間的長短，會因深淺焙而有差異，淺焙大約一天，深焙則需要兩天左右。

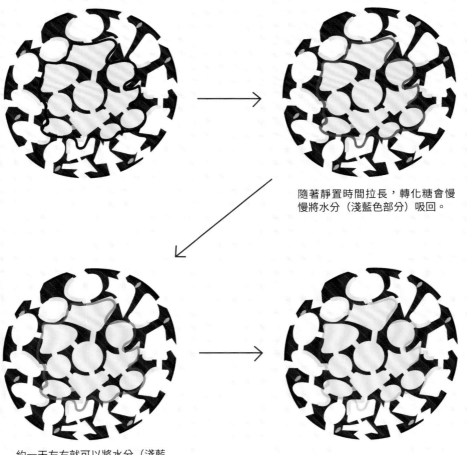

黃色轉化糖外圍藍色的部分，代表剛烘完時所含有的水分。

隨著靜置時間拉長，轉化糖會慢慢將水分（淺藍色部分）吸回。

約一天左右就可以將水分（淺藍色部分）完全吸附回轉化糖內。

⑤ 生豆的水分

　　生豆在經過處理之後，需要將水分乾燥至12%左右，這是為了因應咖啡生豆在運送過程中環境溫度變化所進行的處理。要是水分過多有可能在運送過程中因環境溫度過高，而產生不必要的發酵，導致咖啡生豆產生腐壞的狀況。雖然將生豆水分完全乾燥有利於運送，但是生豆缺少水分的話，會在烘焙過程中少了轉化的關鍵而容易燒焦。

　　12%的水分會均勻分布在生豆的整體空間裡，而烘焙的目的就是要將水分給予一定量的剔除，所以前文所敘述的烘焙結構就是以均勻移除12%水分作為基本架構。而第一個步驟中將水分和生豆裡的蔗糖加以結合的工序，則是為了藉由糖水的結構來統整生豆內部所有的水分。

生豆在所謂新鮮的狀態
下是呈現青色的,這是水分豐
富呈現在生豆外表的結果。

當外表看起來非常青綠
時,就代表生豆是在水分最佳
也最多的狀態。大量的水分分
布在結構水中,有助於水蒸氣
的產生與風味的產生。

但是生豆如果已經呈現
淡黃褐色,就表示表面結構水
分過少,這時在烘焙過程中會
因結構水水分不夠,而容易產
生表面焦化,而且也會因為熱
傳導不佳而風味不足。

醜小鴨咖啡烘焙書

2017年12月1日初版第一刷發行
2019年 4 月1日初版第三刷發行

編　　著　　醜小鴨咖啡師訓練中心
副 主 編　　陳其衍
特約設計　　張巖
攝　　影　　郭秉承 Jeremy
發 行 人　　南部裕
發 行 所　　台灣東販股份有限公司
　　　　　　<地址> 台北市南京東路4段130號2F-1
　　　　　　<電話>（02）2577-8878
　　　　　　<傳真>（02）2577-8896
　　　　　　<網址>http://www.tohan.com.tw
郵撥帳號　　1405049-4
法律顧問　　蕭雄淋律師
總 經 銷　　聯合發行股份有限公司
　　　　　　<電話>（02）2917-8022
香港總代理　萬里機構出版有限公司
　　　　　　<電話> 2564-7511
　　　　　　<傳真> 2565-5539

國家圖書館出版品預行編目（CIP）資料

醜小鴨咖啡烘焙書／醜小鴨咖啡師訓練中心編著
　-- 初版. -- 臺北市：臺灣東販, 2017.12
　112面；18.2×21公分
　ISBN 978-986-475-528-8（平裝）

1. 咖啡

427.42　　　　　　　　　　　　　　　106020636